SCIENCE

LES BALLONS DIRIGEABLES

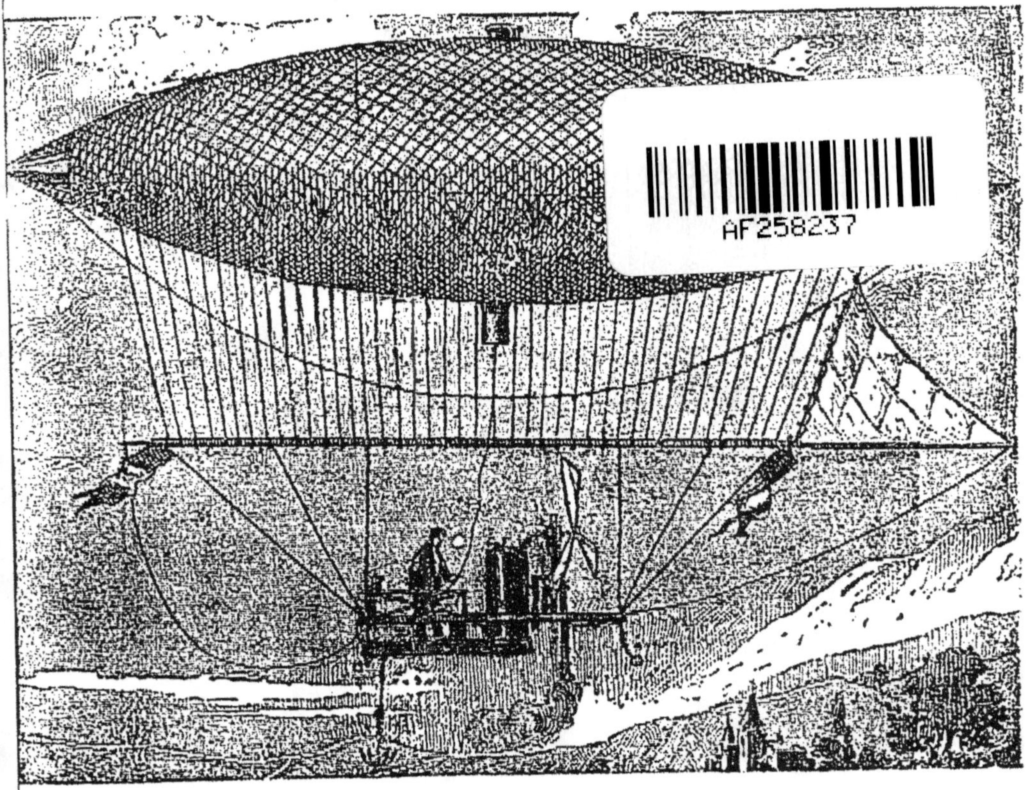

L. BOULANGER, éditeur, 90, boul. Montparnasse, PARIS.

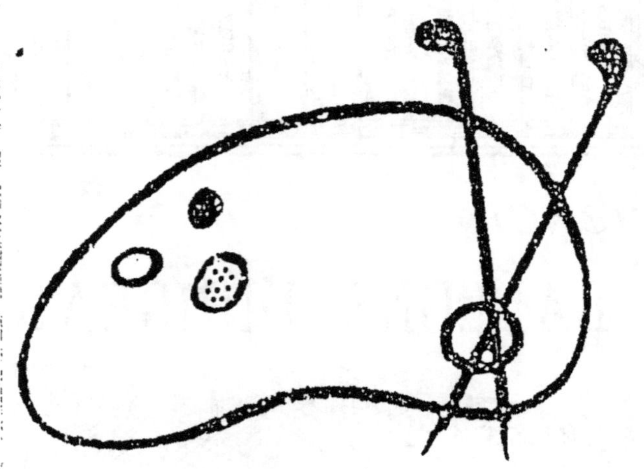

Début d'une série de documents
en couleur

LE LIVRE POUR TOUS

VOLUMES PARUS

1. Hygiène : *La santé.*
2. Médecine : *Les maladies et les remèdes.*
3. Science : *La photographie.*
4. Littérature : *La littérature française.*
5. Géographie : *L'Afrique française.*
6. Armée : *Le service militaire.*
7. Science : *L'astronomie.*
8. Histoire : *Histoire romaine.*
9. Horticulture : *Les fleurs.*
10. Travaux manuels : *La couture.*
11. Hygiène : *Les falsifications. Aliments.*
12. Hygiène : *Les falsifications. Boissons.*
13. Armée : *Les écoles militaires.* Saint-Cyr.
14. Finances : *Les douanes.*
15. Enseignement : *Grammaire anglaise.*
16. Médecine : *Anatomie et physiologie. Appareil digestif.*
17. Économie sociale : *Les impôts.*
18. Science : *Éléments d'arithmétique.*
19. Littérature : *La littérature française. Le xvie siècle.*
20. Économie sociale : *L'épargne.*
21. Droit : *La justice de paix.*
22. Géographie : *L'Europe.*
23. Économie sociale : *Les assurances.*
24. Science : *L'électricité.*
25. Beaux-Arts : *La peinture sur porcelaine.*
26. Agriculture : *Les engrais.*
27. Littérature : *La littérature française. xviie siècle, 1re période.*
28. Économie domestique : *La cave et les vins.*
29. Droit civil : *Les enfants.*
30. Science : *Botanique, 1re partie.*
31. Hygiène : *La première enfance.*
32. Arts d'agrément : *Les feux d'artifice.*
33. Science : *La chimie.*
34. Horticulture : *Les arbres fruitiers.*
35. Droit civil : *Le mariage.*
36. Géographie : *La Russie.*
37. Agriculture : *La viticulture.*
38. Arts d'agrément : *La pêche.*
39. Littérature : *La littérature française. xviie siècle, 2e période.*
40. Science : *Botanique. La vie des plantes, 2e part. Fleurs et fruits.*
41. Science : *Les microbes.*
42. Arts d'agrément : *La chasse.*
43. Géographie : *L'Allemagne.*
44. Histoire : *La France, 1re partie.*
45. Littérature : *La littérature française. xviiie siècle.*
46. Science : *L'homme préhistorique.*
47. Géographie : *L'Océanie.*
48. Littérature : *La littérature française. xixe siècle.*
49. Histoire : *La France, 2e partie.*
50. Enseignement : *Grammaire anglaise.* Syntaxe et prononciation.

POUR PARAITRE EN JUILLET

51. Science : *Cosmographie, 1re part.*
52. Science : *Cosmographie, 2e partie.*
53. Métiers : *L'imprimerie.*
54. Histoire : *Histoire de France.*
55. Métiers : *La typographie.*
56. Cuisine . *L'office.*
57. Travaux manuels : *Le tricot.*
58. Cuisine : *Les viandes*, tome I.
59. Cuisine : *Les viandes*, tome II.
60. Histoire : *Histoire ancienne.*

Les nécessités du tirage peuvent amener quelques modifications à cette liste. Les 50 volumes suivants seront publiés ultérieurement. La collection comprendra tout ce qu'il est utile de savoir. — Chaque mois le dernier volume de la dizaine parue porte la liste de la dizaine à paraître. — Il paraît deux volumes par semaine, le jeudi et le dimanche. — Les dix premiers volumes sont envoyés franco moyennant **1 fr. 25** à toute personne qui en fait la demande.

Les personnes qui nous demanderont les dix premiers volumes recevront, à titre de **prime**, un *élégant cartonnage* permettant de lire chaque volume sans le froisser. S'adresser chez l'éditeur. — On peut s'abonner soit chez l'éditeur, soit chez les libraires et marchands de journaux.

Ces volumes se trouvent chez tous les libraires au prix de **10** centimes chacun.

Dans le cas où on ne pourrait se les procurer, l'éditeur reçoit des abonnements au prix de **1 fr. 25** la série de **10** et de **6** francs la série de 50 volumes.

Ces prix comprennent le port. Dans ce cas les volumes sont expédiés **2 à la fois** le samedi de chaque semaine. — Les volumes parus peuvent toujours être fournis d'un seul coup et immédiatement.

10 centimes le volume.

LE LIVRE POUR TOUS

Aujourd'hui un livre, quel qu'il soit, ne peut compter sur un grand succès durable que s'il est tellement *bon marché* que tout le monde puisse l'acheter sans compter, s'il est *tellement intéressant* et utile, que tout le monde dise : *Je veux le lire, l'avoir et le garder.*

Or il n'y a pas de livres d'un intérêt *plus réel*, d'une utilité plus pratique et plus constante que ceux qui fournissent des *renseignements précis et complets* sur ce que tout le monde veut savoir et doit connaître.

Mais ces livres d'information et de référence ne sont vraiment bons qu'à la condition d'être des guides toujours sûrs, des conseillers toujours prêts à répondre exactement aux nombreuses questions que l'on a sans cesse à résoudre. Ils doivent être méthodiques, exacts, clairs, faciles à manier, commodes à emporter partout avec soi. Ils doivent en outre constituer dans leur ensemble la meilleure et la plus parfaite des encyclopédies ; et en même temps chacune de leurs parties doit former un tout distinct, de telle sorte que celui qui veut se contenter de cette partie unique y trouve tout ce dont il a besoin.

Un dictionnaire ne peut réunir ces avantages : s'il est volumineux, il est cher et par conséquent pas à la portée de tous ; s'il est petit, il est restreint, et les articles en sont nécessairement écourtés, incomplets. De plus le dictionnaire renvoie d'un mot à l'autre, il ne peut se lire à la suite, il contient des redites. Les manuels, les traités sont évidemment plus utiles, mais ils sont d'ordinaire d'un prix élevé, surtout quand il s'agit de questions spéciales ou scientifiques ou techniques.

Nous avons pensé qu'il restait à créer une collection réunissant à la fois, l'utilité des dictionnaires et celle des manuels, et d'un prix si minime que tout le monde puisse se la procurer.

Nous avons donné à cette collection un titre général disant d'un mot ce qu'elle est :

Le Livre pour tous, c'est-à-dire le livre indispensable à tout le monde, le livre auquel on doit avoir recours en toute occasion et qui mérite toute confiance.

Le Livre pour tous donne à tous les connaissances nécessaires à tous. Il est le vade-mecum de toute instruction pratique, le répertoire de toutes les sciences usuelles.

Le Livre pour tous est le livre de tous ceux qui travaillent, qui étudient, qui s'informent, qui veulent s'éclairer, c'est-à-dire tout le monde.

Ce qui distingue notre collection de toutes celles que l'on a publiées dans le même genre et ce qui fait sa supériorité sur toutes les compilations adressées aux lecteurs sous prétexte de vulgarisation, ce qui doit lui donner la préférence sur les dictionnaires et les manuels, c'est, nous le répétons :

1° Le *bon marché*. Chacun de nos volumes ne coûte que 10 centimes, et contient comme texte le tiers d'un volume ordinaire de 300 pages vendu 3 fr. 50 et même de 4 à 6 francs.

2° L'*abondance et l'exactitude des renseignements*. — Chacun de nos volumes est rédigé avec le plus grand soin par des auteurs compétents d'après les travaux les plus récents et les plus autorisés.

3° La *commodité du format*. — Chacun de nos volumes peut facilement tenir dans la poche, on peut l'emporter avec soi à la promenade, le lire en voiture, en omnibus, en chemin de fer.

4° La *clarté du texte*. — Les volumes sont imprimés en caractères neufs, lisibles sans fatigue, et les matières sont disposées de telle sorte que d'un coup d'œil on trouve ce que l'on cherche.

5° La *valeur documentaire*. — Chaque volume forme un tout; mais l'ensemble des volumes forme une encyclopédie. Dans chaque volume, chaque sujet est traité à fond. De plus chaque volume est accompagné de documents, de tables de références, de tables statistiques, etc., qui sont d'un usage précieux.

Il suffit d'avoir sous les yeux un seul de nos volumes pour se rendre compte de l'importance de notre collection et des services qu'elle rend.

Tous les volumes de la collection sont rédigés avec le même soin, d'après la même méthode et dans le même but d'utilité.

N. B. Le Livre pour tous peut être mis dans toutes les mains. C'est la meilleure récompense à donner aux élèves dans toutes les écoles. C'est la collection la plus utile à tout le monde.

L'éditeur-gérant : L. BOULANGER.

Sceaux. — Imp. Charaire et Cie.

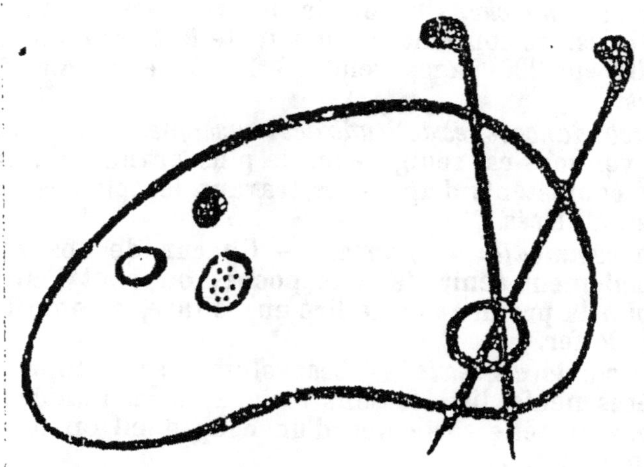

Début d'une série de documents
en couleur

LES BALLONS DIRIGEABLES

LES BALLONS DIRIGEABLES

Le problème de la direction des ballons, que naguère encore on considérait comme une utopie, est aujourd'hui, sinon absolument résolu puisqu'il n'existe pas en fait de ballons dirigés, du moins à la veille d'entrer dans le domaine de la pratique, car ce n'est plus maintenant qu'une affaire de construction, c'est-à-dire une question d'argent.

Il n'est donc pas sans intérêt d'étudier les essais divers qui ont concouru, plus ou moins, à l'obtention de ce résultat que l'on cherche ; ce qui est assez naturel du reste, depuis que l'on connaît les ballons.

L'idée n'avait pas été sans préoccuper les frères Montgolfier, inventeurs des aérostats, qui l'avaient retournée dans tous les sens, comme on peut le voir par leur correspondance.

Ainsi en novembre 1783, Joseph écrivait à Étienne, qui manifestait l'intention d'ajouter des rames, à ses aérostats :

« En grâce mon bon ami, réfléchis, calcule bien ; si tu emploies des rames, il te les faudra faire grandes ou petites ; si elles sont grandes, elles seront lourdes ; si elles sont petites, il faudra les faire mouvoir avec d'autant plus de rapidité. Faisons le compte sur un globe de cent pieds de diamètre. »

Et la conclusion de ce compte était que la force de trente hommes faisant des efforts, qu'ils ne pourraient soutenir cinquante minutes sans se reposer, ne suffirait pas à faire faire au ballon deux petites lieues à l'heure.

Cette autre lettre adressée le 11 décembre 1783, à Étienne par le chanoine Montgolfier (un frère aîné), prouve qu'il étudiait déjà des formes nouvelles pour essayer de résoudre le grand problème :

« Tu sais que Joseph fait faire à Lyon une grande machine de quatre-vingts à cent pieds de diamètre. Je bavardais l'autre jour dans une lettre que je lui écrivais; néanmoins cette idée me trotte par la cervelle et quoique je ne sois qu'apprenti physicien, je pourrais me croire au moins compagnon, depuis que mons Joseph m'a écrit que je lui avais donné une idée lumineuse pour son projet.

« Après cet éloge de moi, revenons à nos moutons.

« Ce n'est pas tout à fait la forme d'un mouton que je veux donner à votre machine, mais bien celle d'un poisson; une large queue et peu épaisse avec un équipage en baleine ou en bambou pour tenir lieu de nerfs et faire mouvoir cet immense gouvernail, qui sera de même rempli d'air inflammable. Des ailes ou plutôt des nageoires sous le ventre, de la même nature, ou simplement en taffetas, mais les plus longues possibles, et toujours remplies de gaz pour être plus légères que pareil volume d'air atmosphérique, enfin toutes les rectifications que vous penserez convenables.

« Mais, comme l'auteur de la nature a donné à chaque individu ce qui lui convenait le mieux pour remplir sa destination, suivez les modèles qu'il vous offre, et puisqu'il s'agit de voguer dans un fluide, imitez l'animal qui vogue le mieux dans un fluide.

« Tu me diras peut-être : Pourquoi ne pas imiter l'oiseau? mais il est spécifiquement plus pesant que l'air. Votre machine, plus légère, s'assimile plutôt au poisson, plus léger, ou du moins en équilibre avec pareil volume d'eau. — L'oiseau est obligé de compenser par l'étendue immense de ses ailes comparées à la grandeur de son corps, et par la multiplicité et la vigueur de ses mouvements, son excédent de pesanteur. — Les nageoires du poisson seraient bien plus économiques, bien plus aisées à mouvoir, et suffisantes pour votre opération. »

Malgré ces conseils, que nous avons cités tout au long, précisément parce qu'ils mettent en présence les deux systèmes d'aviation qui divisent les inventeurs, il ne paraît pas que la machine en question ait été construite par les Montgolfier.

Depuis, tous les aéronautes se préoccupèrent des possibilités ou des moyens de se diriger dans l'air, et il se produisit successivement des systèmes aussi nombreux qu'imparfaits, qu'il serait curieux d'examiner, mais qui nous éloigneraient de l'objet de cette étude, qui ne doit s'occuper de la question que du jour où elle a donné des résultats appréciables, c'est-à-dire des commencements de direction véritable, qui ont ouvert la voie aux expériences concluantes des capitaines Krebs et Renard et de MM. Tissandier.

BALLON HENRI GIFFARD

Il ne faut remonter alors que jusqu'à 1852, époque à laquelle eut lieu l'essai de M. Henri Giffard, jeune ingénieur, qui devait, un peu plus tard, se rendre célèbre par l'invention d'une machine remplaçant, dans les chaudières à vapeur, la pompe aspirante et foulante d'alimentation, et qu'on connaît partout sous le nom d'*injecteur Giffard*.

M. Henri Giffard, très préoccupé du grand problème de direction aérostatique, s'était convaincu aussi bien par le raisonnement mathématique, que par le résultat des expériences précédentes, que ce qui manquait surtout aux ballons — qui ne pouvaient devenir dirigeables qu'à la condition de prendre une forme allongée, pour traverser plus facilement les couches de l'atmosphère, — c'était un moteur assez puissant pour imprimer à l'aérostat une impulsion plus forte que la résistance atmosphérique.

En conséquence, il imagina un aérostat à vapeur qu'il expérimenta publiquement le 22 septembre 1852, et qu'il a décrit lui-même dans le journal la *Presse*, quelques jours après l'ascension.

Cet appareil consistait en un ballon de forme allongée, représentant par sa section à peu près celle d'un navire et terminé de chaque côté par une pointe.

Long de 44 mètres sur 12 de diamètre au centre, et contenant 2,400 mètres cubes de gaz d'éclairage, il était enveloppé, dans sa partie supérieure, d'un filet dont les extrémités venaient se reunir en pattes d'oie à des cordes qui soutenaient horizontalement une traverse de 20 mètres de longueur, traverse munie à son extrémité d'une voile triangulaire fixée à la dernière corde du filet et servant à la fois de gouvernail et de quille.

Car on pouvait, au moyen de deux manœuvres aboutissant à la machine, l'incliner à droite ou à gauche pour produire la déviation nécessaire à changer immédiatement de direction, voilà pour l'office du gouvernail ; celui de la quille se remplissait de lui-même par la position de la voile, qu'il suffisait de laisser en place dans l'axe de l'aérostat, pour qu'elle maintînt l'ensemble du système dans la direction du vent.

La machine motrice était suspendue, par un ensemble de cordes solides, à six mètres au-dessous de la traverse, sur une sorte de brancard de bois planchéié, et balconné, comme une nacelle, pour porter, outre le moteur, le mécanicien, et son double approvisionnement d'eau et de charbon.

Cette machine, d'une force nominale de trois chevaux, était, comme on le pense bien, d'une construction spéciale : Sa chaudière, verticale et à foyer intérieur, sans tubes, était entourée d'une enveloppe de tôle, qui, utilisant au mieux la puissance calorique du charbon, permettait au gaz de la combustion de s'écouler à une plus basse température.

Du reste, le tuyau de la cheminée était renversé de sorte que la fumée, quelquefois chargée d'étincelles, était dirigée, par le bas et ne pouvait communiquer l'incendie au gaz de l'aérostat.

Pour diminuer encore la fumée la machine était chauffée par le coke qui brûlait sur une grille entourée d'un cendrier, de sorte qu'extérieurement on n'apercevait aucune trace de feu, ce qui atténuait encore le danger.

Quant au moteur proprement dit, c'était un cylindre vertical renfermant un piston, qui, par l'intermédiaire d'une bielle, faisait tourner l'arbre coudé placé au sommet.

Cet arbre était terminé par une hélice à trois palettes de 3^m, 40 de diamètre qui faisait environ cent tours à la minute.

Eh bien ! cette machine propulsive, bien que représentant l'équivalent du travail de plus de trente hommes, était encore insuffisante, car elle ne donnait qu'une vitesse de 3 à 4 mètres par seconde, tandis que celle du vent, le jour de l'ascension, et presque toujours d'ailleurs, est plus considérable.

Ballon Henri Giffard.

Aussi l'expérience, bien que des plus intéressantes, et on peut même dire des plus décisives, fût-elle incomplète.

M. Giffard s'enleva parfaitement dans les airs, gagna l'altitude de 1,800 mètres sans dépenser un sac de lest, ce qui s'explique en ce que sa consommation progressive d'eau et de charbon lui en tenait lieu ; mais, s'il réussit par moments à faire dévier son aérostat de la ligne du vent, il ne put le diriger absolument et vint descendre sans accident auprès de Trappes.

Ce résultat n'était pas de nature à décourager l'inventeur, aussi en 1855 renouvela-t-il son expérience avec un ballon plus grand (3,200 mètres cubes) et une machine à vapeur plus puissante, mais, malheureusement, le vent était encore plus violent, de sorte qu'après avoir tenu tête au courant aérien pendant assez longtemps pour prouver que ses efforts n'étaient pas stériles, il fut obligé de s'y abandonner.

M. Giffard se convainquit alors qu'il n'y avait rien de décisif à tenter, avant de pouvoir construire des aérostats, assez imperméables pour contenir de l'hydrogène pur sans déperdition ; et c'est pour arriver à la solution de ce problème qu'il se lança dans la construction de ces ballons captifs qui ont été la grande curiosité des Expositions de Londres et de Paris.

MACHINE HENSON

L'application de la vapeur à l'aérostation, qui parut en France si audacieuse, n'était cependant point une chose nouvelle, l'Amérique en avait eu la primeur dès 1843, par la construction d'une machine aérienne, qu'un M. Henson prétendait utiliser au transport des voyageurs et des marchandises.

Il est vrai que les résultats en furent si peu éclatants qu'elle ne préoccupa guère l'opinion publique de ce côté de l'Atlantique.

Nous dirons pourtant quelques mots de cette machine, dont nous avons trouvé un dessin dans un journal du temps.

Elle se composait, comme on le verra par ce dessin que nous reproduisons, d'un châssis en bois de cinquante mètres de long sur dix de large, disposé en plan incliné et recouvert d'une étoffe de soie, posée par bandes longitudinales, de façon à représenter une immense aile de moulin, mais sans jointures, sans articulations ; le mouvement devant seulement se produire parce qu'un côté de cet appareil se trouvait plus élevé que l'autre au moyen d'un double plancher fixé à des mâts et recouvrant la partie arrière.

Vers le milieu de la partie inférieure, destinée à être l'avant du navire aérien, s'élevait une voile triangulaire articulée comme les ailes d'une chauve-souris.

Cette voile, de quinze à seize mètres de longueur, faisait office de gouvernail et était manœuvrée par une barre à pivot placée dans l'intérieur de la voiture nacelle, c'est-à-dire sous la main du pilote.

Car la plus grande curiosité de cette machine, qui, d'ailleurs, ne ressemblait en rien à un ballon, c'est qu'elle portait au-dessous de son châssis une véritable voiture, disposée pour recevoir voyageurs et marchandises et munie de roues, probablement pour amortir l'effet de la réaction au moment de toucher terre, mais aussi dans un autre but qu'on s'expliquera tout à l'heure.

Cette voiture renfermait aussi le moteur, machine à vapeur très légère (elle ne pesait que 600 livres), relativement à sa force de 20 chevaux.

Cette machine, qui actionnait deux grandes roues à vannes de 7 mètres de diamètre, disposées comme celles d'un moulin à eau, et placées, verticalement de chaque côté d'un gouvernail, était d'une construction particulière et il faut reconnaître que le générateur et le condensateur étaient aussi nouveaux qu'ingénieux.

Le premier se composait d'une cinquantaine de cônes tronqués, renversés et disposés au-dessus et tout à l'entour du foyer, dont ils absorbaient ainsi tout le calorique en préservant du contact les matières inflammables.

Le condensateur était formé d'un certain nombre de petits tubes exposés au courant d'air produit par le mouvement de la machine.

Dans l'esprit de l'inventeur, ce moteur, fort bien compris, n'était pourtant qu'un accessoire.

Se basant sur ce que son appareil, ne pesant en tout que 1,800 kilogrammes, pour une superficie totale de 1,500 mètres carrés, était proportionnellement plus léger que beaucoup

Machine aérostatique Henson.

d'oiseaux, il comptait qu'il pourrait se mouvoir seul, lorsqu'il aurait acquis assez d'élan.

Pour cela il lui fallait une espèce d'embarcadère, aussi élevé que possible, disposé en plan incliné, d'où il lançait sa machine dans l'espace.

C'est pourquoi il fallait des roues à la voiture.

La machine, une fois lancée, devait acquérir par la descente la vitesse nécessaire pour se soutenir dans l'atmosphère pendant le reste du voyage.

Seulement, comme la résistance qu'elle rencontrerait dans l'air ralentirait progressivement cette vitesse, il avait ajouté à son appareil la machine à vapeur qui devait renouveler le mouvement.

Malheureusement, si tout cela était parfaitement combiné sur le papier, il se rencontra tant d'obstacles à l'exécution que la machine Henson ne remplit point le but pour lequel elle avait été créée.

BALLON CHARVIN

Revenons maintenant en France, où les succès relatifs du ballon Giffard avaient fait éclore la Société française des aéroscaphes, fondée dans le but de prouver la possibilité de la direction des ballons, et qui, pour prêcher d'exemple, exposait un appareil très ingénieux, construit, en petit par M. Charvin, et s'adressait, par voie de prospectus, à l'initiative privée, pour réunir les ressources nécessaires à le construire en grand et à l'expérimenter publiquement.

Le meilleur moyen de faire connaître cet aéroscaphe est de reproduire ici le propectus, qui exposait ainsi les principes d'après lesquels un aérostat peut être dirigeable :

« 1º La faculté de pouvoir, à volonté et sans perte de gaz, modifier en plus ou en moins le rapport de son poids spécifique, celui du milieu ambiant déplacé, ce qui permettra de monter et descendre à volonté.

« 2º La faculté de pouvoir à volonté déplacer son centre de gravité pour prendre, par rapport au plan normal de statique, tels plans inclinés que comporteront les besoins de descente ou d'ascension.

« Nous croyons devoir insister sur ce que la réunion de

ces deux conditions suffirait à elle seule pour déterminer la progression forcée d'un aérostat dans une direction voulue.

« 3° La faculté de pouvoir, à la volonté, soit que l'on marche en avant ou en arrière, opérer dans la masse atmosphérique, même contre le vent s'il y a lieu, et antérieurement à la marche de l'aérostat, une rupture d'équilibre suffisante pour faire résulter un effet utile de la pression qui reste constante dans les autres points du milieu.

«4° La solidarité intime de la nacelle et de l'aérostat afin, qu'il ne se produise pas à la marche des résistances qui useraient inutilement partie de la force de progression déployée.

« Pour l'obtenir au plus haut degré possible, nous avons placé la nacelle au dedans de l'aérostat même, entre les parties de ballon qui le composent.

5° Afin de présenter toute la sécurité désirable, l'aérostat sera divisé en plusieurs compartiments, de sorte qu'une rupture, un accident quelconque de l'enveloppe, n'agissant que sur une partie, ne puisse compromettre l'ensemble.

« 6° Une enveloppe le moins possible perméable au gaz, afin de n'en pas permettre la déperdition.

« 7° Des soupapes de sûreté.

« 8° Des propulseurs latéraux, indépendants les uns des autres, afin qu'en arrêtant ceux d'un côté, sans que ceux de l'autre cessent de fonctionner, on puisse obtenir même des conversions de l'aérostat sur lui-même ou des changements de direction dans des angles prononcés.

« Ils auront, en outre, pour objet de le soustraire aux effets du vent qui le prendrait en flanc, car ils feront dévier son action selon les tangentes de leur rotation.

« 9° La faculté de se mouvoir, à volonté, soit en avant, soit en arrière, sans qu'on soit obligé de virer de bord.

« Ce qui, de plus, combiné avec les conditions 1 et 2, rendra efficacement maître de la descente à un point donné. A cette fin, les extrémités de l'aérostat seront conformes mais symétriques.

« 10° La forme de l'aérostat sera un ellipsoïde allongé. C'est celle qui laissera le moins de prise au vent, quelle que soit la direction d'où il vienne ; dans le même but il sera recouvert d'une légère carapace en alumium.

« 11° A chacune des extrémités et de chaque côté seront

des gouvernails pour les changements de direction par légères inflexions.

« Ils seront de plus susceptibles de fonctionner dans un plan horizontal ou vertical, à volonté, afin que, selon les besoins, ils puissent ne pas présenter de surface au vent, ou, après action, être facilement ramenés au point de départ sans produire de réaction sur l'aérostat.

« 12° Des voiles triangulaires seront symétriquement disposées dans l'axe du centre de gravité de l'appareil. Elles s'enrouleront sur leurs vergues comme des stores et concourront, selon les circonstances, soit à la marche, soit à la direction de l'aérostat, d'après le calcul de la surface de toile laissée en prise au vent.

« 13° Dans la partie destinée à l'installation du matériel ou des voyageurs, il est d'urgence que les fenêtres soient mobiles sur pivot, de sorte que l'on puisse avoir de l'air à volonté, sans que celui-ci vienne à s'engouffrer dans l'appareil et faire résistance à la marche, c'est-à-dire absorber inutilement partie de la force déployée.

« 14° Des sièges suspendus en conséquence permettront aux voyageurs de se maintenir dans la perpendiculaire, malgré les plans inclinés que pourra prendre l'aérostat.

« 15° Pour plus de sécurité, des paratonnerres seront disposés de manière à pouvoir soutirer et déperdre le fluide électrique dont pourraient être chargés les milieux qu'on aura à traverser. »

Toutes ces promesses devaient être réalisées par l'aéroscaphe Charvin et il en aurait certainement tenu une grande partie s'il avait pourvu d'un moteur.

Malheureusement, malgré les sollicitations de l'inventeur, qui demandait le concours patriotique de tous les gens éclairés et amis du progrès, le prospectus ne réussit pas et l'aéroscaphe Charvin resta sur le papier, malgré ses côtés pratiques ; et il ne se produisit pas d'autres tentatives de direction aérostatique, avant 1866, époque à laquelle M. Delamarne fit au Jardin du Luxembourg des expériences fort peu concluantes.

BALLON DELAMARNF

Ce sytème n'avait rien de neuf, du reste, puisqu'il se composait d'un ballon ordinaire gonflé de gaz hydrogène pur et mû par les rames disposées en hélice.

M. Delarme avait annoncé qu'avec son mécanisme directeur, il se faisait fort de décrire un cercle dans les airs, mais son ballon s'enleva péniblement et n'obéit point du tout au jeu des hélices.

L'expérience renouvelée sur l'Esplanade des Invalides amena la destruction de l'aérostat, qui fut déchiré au moment du départ, par une hélice qui s'était accrochée dans l'étoffe.

BALLON DUPUY DE LOME

Pendant le siège de Paris, l'idée de la direction des ballons fut reprise avec d'autant plus d'énergie que la nécessité l'imposait. De nombreux projets furent soumis au gouvernement de le Défense et à l'Académie des sciences; un seul attira leur attention, il est vrai qu'il avait pour auteur M. Dupuy de Lôme, l'illustre ingénieur qui avait construit tant et de si beaux navires maritimes, qu'il ne devait point être embarrassé pour ordonner un navire aérien.

Un crédit de 40,000 francs lui fut ouvert, en octobre 1870, pour mettre à exécution l'aérostat qu'il avait projeté et dont notre gravure reproduit le plan, mais il n'eut pas le temps de le construire, de sorte que sur les 64 ballons qui s'élevèrent de Paris pendant le siège, un seul, lancé par l'amiral Labrousse, le 9 janvier 1871, de la gare d'Orléans, eut la prétention de pouvoir se diriger.

Prétention non justifiée, d'ailleurs, et qui ne pouvait pas l'être, car non seulement ce ballon était sphérique, c'est-à-dire mathématiquement indirigeable, mais il n'avait pas d'autre moteur qu'une hélice, mise en action par quatre marins et qui ne produisit aucun effet dans l'atmosphère.

Cependant, M. Dupuy de Lôme n'avait pas abandonné son projet, il avait, au contraire, modifié et perfectionné son

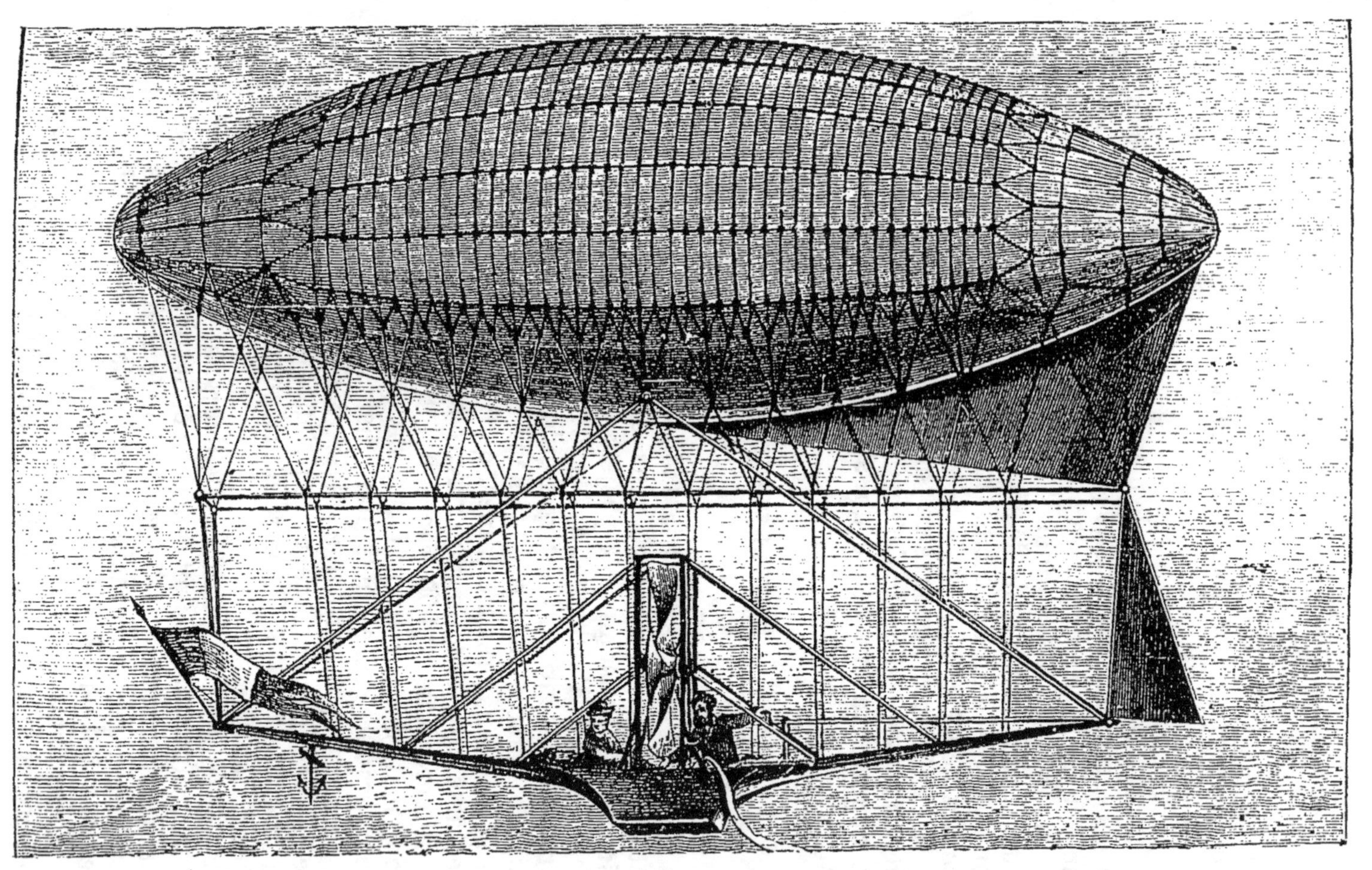

Ballon Dupuy de Lôme.

plan, et il put faire une expérience le 2 février 1872, partant du fort de Vincennes avec treize autres personnes, dont huit hommes de manœuvre se relayant pour faire mouvoir l'hélice.

Et pourtant, l'aérostat, affectant à peu près la même forme que le ballon Giffard (la seule pratique d'ailleurs, au point de vue de la direction), ne cubait que 3,500 mètres; il est vrai qu'il était gonflé avec de l'hydrogène pur, ce qui augmentait considérablement sa force ascensionnelle.

Comme le ballon Giffard, il avait gouvernail et hélice propulsive, mais cette hélice, mue à bras d'hommes, était insuffisante pour imprimer à l'aérostat une vitesse propre, capable de s'opposer à celle du vent.

L'expérience réussit à moitié parce que l'air était calme, mais ne fit que confirmer les succès déjà obtenus par M. Giffard, ce qui permet de conclure que le résultat eût été tout autre si l'aérostat avait été plus grand, plus allongé et surtout pourvu d'un moteur à vapeur, qui aurait donné à l'hélice une vitesse cinq ou six fois plus grande.

BALLON CORDENONS

Pendant dix ans il ne se produisit plus rien d'à peu près concluant dans notre pays en fait d'aérostation, mais il n'en fut pas de même à l'étranger.

En 1875, l'Institut des sciences de Lombardie accordait au professeur Cordenons, du lycée de Rovigo, un subside pour l'aider à construire un aéronef de son invention, qui a été expérimenté dans des conditions heureuses, mais peu décisives cependant.

Ce ballon, qui affecte à peu près la forme de ceux de MM. Giffard et Dupuy de Lôme, a sur eux l'avantage que son hélice fait partie intégrante de l'aérostat, composé de deux parties semi-ellipsoïdales, soudées ensemble et enveloppant l'arbre creux qui va de poupe en proue et porte à son extrémité l'hélice propulsive.

Cet arbre, en communication avec le moteur installé dans la nacelle, sert de point d'appui à ladite nacelle, suspendue à ses deux extrémités, et vers le centre à une toile de revêtement supérieur, à peu près comme le plateau d'une balance.

Ballon Cordenons.

Le moteur se compose d'une machine à gaz ammoniac, qui est emmagasiné liquide dans un vase *ad hoc*, et qu'un tube en caoutchouc conduit à la proue où, produisant le même effet que la vapeur d'eau, il agit sur les pistons de deux cylindres qui mettent en mouvement l'arbre de l'hélice, par l'intermédiaire d'une manivelle à l'angle droit.

La nacelle, pourvue d'un gouvernail, possède aussi un treuil sur lequel on peut enrouler une corde partant de la proue de l'aérostat, de façon à pouvoir diriger la machine vers le haut ou vers le bas ; et surtout pour permettre d'amener la proue à portée de la nacelle d'où l'on peut alors, si besoin est, graisser ou réparer la machine motrice de l'hélice.

Cet ensemble de combinaisons est très ingénieux en théorie, mais il n'a encore fonctionné qu'avec l'aide d'un courant d'air favorable.

BALLON RITCHELL

Dans le même cas est le curieux ballon du professeur américain Ritchell, expérimenté à Harfort (dans le Connecticut) le 12 juin 1878.

Cet appareil, qui a relativement réussi, se compose d'un ballon cylindrique de huit mètres de longueur sur trois de diamètre, gonflé à l'hydrogène pur et cerclé de bandes, qui soutiennent une barre de fer placée horizontalement dans l'axe du ballon, et à laquelle est suspendu le moteur, c'est-à-dire une hélice ; placée tout à fait à l'avant et mise en mouvement par un mécanisme, qui rappelle exactement celui du vélocipède ; d'autant que l'aéronaute est à cheval dessus, et que c'est avec ses pieds qu'il fait mouvoir les pédales qui actionnent l'hélice.

Mais ses mains ne sont pas non plus inactives, car il doit les employer à tourner une manivelle qui fait office de gouvernail, pour diriger le ballon à droite ou à gauche.

L'expérience d'Harfort a réussi, comme nous l'avons dit, mais elle n'est pas absolument concluante, car l'aéronaute ne s'est guère élevé qu'à 200 mètres, et il est permis de croire que, s'il a manœuvré son ballon avec un certain succès, à l'aide de son vélocipède, c'est que le temps était remarquablement calme et le vent absolument nul.

Et, d'ailleurs, si l'inventeur avait été complètement satisfait de son épreuve, il n'aurait pas manqué de la renouveler, avec accompagnement de la grosse caisse qu'on manie si bien en Amérique.

Toutes ces expériences, bien qu'à peu près négatives, n'étaient cependant pas décourageantes, et l'on pouvait admettre avec M. Gaston Tissandier, qui a acheté son expérience dans la matière par de nombreuses ascensions scientifiques, que le principe de la navigation aérienne avait été trouvé par Henri Giffard et qu'il ne restait plus qu'à appliquer ses procédés en grand, pour obtenir des résultats certains.

Voici, du reste, la réponse que M. Tissandier faisait, dans ses *Notions sur les ballons*, aux objections des pessimistes :

« Les ballons, a-t-on entendu dire bien souvent, ne peuvent pas se diriger dans l'air, parce qu'ils ne trouvent pas de point d'appui. Rien n'est plus contraire à la vérité. En effet, un ballon immergé dans l'atmosphère peut être assimilé à un bateau sous-marin entièrement immergé dans l'eau. Personne ne met en doute qu'un bateau sous-marin, muni d'un puissant moteur et d'une hélice, ne puisse facilement remonter des courants océaniques.

« Le ballon allongé remontera de même des courants aériens, si la vitesse de ceux-ci est inférieure à celle que l'appareil recevra de son moteur. Il est vrai que les courants aériens, que les vents en un mot, atteignant parfois des vitesses considérables qui dépassent 20 mètres et même 30 mètres à la seconde, nous ne prétendons pas que, dans ces conditions atmosphériques, généralement rares, le navire aérien puisse se diriger dans tous les sens.

« Mais s'il a une vitesse propre de 10 mètres à la seconde, il lui sera possible, même dans ces circonstances défavorables, de se dévier sensiblement de la ligne du vent et de se diriger par conséquent, sinon en suivant une route droite, au moins en décrivant une série de zigzags.

« La question du point d'appui est étrangère à cette insuffisance relative dans certaines conditions. — Le navire aérien

Ballon Ritchell.

pourvu d'un moteur trouve son point d'appui dans l'air même, comme le navire sous-marin le trouve dans l'eau. — Les deux cas sont comparables entre eux. La seule différence qu'on y constate est celle qui se rapporte à la densité des milieux; mais dès l'instant que nous avons l'aérostat qui flotte dans l'air, nous pouvons le diriger dans l'air de la même façon que le navire sous-marin flottant dans l'eau, peut se diriger dans l'eau.

« Les aérostats allongés, dit-on quelquefois encore, doivent atteindre de très grandes proportions : en théorie, cela est facile de les concevoir, mais est-il bien possible de les construire en pratique.

« Nous repondrons à ceci : M. Giffard a construit des ballons imperméables gonflés à l'hydrogène pur et cubant jusqu'à 12,000 mètres cubes. Il les a faits de forme ronde, parce qu'il les destinait à des excursions captives, mais il n'y avait qu'à modifier la coupe de l'étoffe pour leur donner une forme allongée. Il n'est pas un instant permis de mettre en doute aujourd'hui la possibilité de construire un navire aérien de 20,000, de 30,000 mètres cubes et même plus, cela est absolument démontré par l'expérience. Dans ces conditions, la machine motrice que l'on enlèverait pourrait atteindre quelques miliers de kilogrammes. Elle serait d'une puissance considérable, et sans donner ici des chiffres que tout le monde peut calculer et vérifier, elle assurerait facilement à l'aérostat une vitesse propre de 8 à 12 mètres par seconde.

Ce navire aérien, se dirigerait d'une façon absolue, au milieu de courants aériens d'une vitesse moyenne, c'est-à-dire plusieurs mois dans l'année. Nous ajouterons qu'il y a dans de telles constructions des difficultés sérieuses, — cela est incontestable, — mais elles ne sont pas de nature à apporter, en aucune façon, des obstacles insurmontables.

« Parmi les autres objections nous en citerons quelquesunes qui traitent des questions secondaires : « Le moteur à « vapeur, dit-on, brûlera constamment du charbon qui se per- « dra dans l'atmosphère sous forme de gaz acide carbonique, « produit de la combustion. Le navire aérien perdra constam- « ment de son poids. » Cela est vrai, mais on peut atténuer cet inconvénient en utilisant comme combustible l'hydrogène contenu dans l'aérostat et que l'on serait obligé de perdre pour éviter l'ascension du navire aérien; on peut condenser la vapeur d'eau de la chaudière, pour n'en perdre que des quantités insignifiantes.

« Quoi qu'il en soit, le navire aérien ne fonctionnera dans l'air que pendant un temps limité; mais le temps sera assez considérable pour entreprendre pendant douze ou vingt-quatre heures même, des voyages importants.

« Pour des pérégrinations au long cours, il est évidemment nécessaire d'envisager la construction de ports d'atterrissage où le navire aérien s'approvisionnera tout à la fois d'hydrogène et de charbon. Mais ne dépassons pas le présent au delà de toute mesure et contentons nous d'avoir démontré la possibilité de construire, avec les ressources actuelles, un navire aérien capable d'être dirigé dans tous les sens par un temps relativement calme et pendant une durée de quelques heures. Oui, nous le répétons avec une conviction profonde et sur la foi des expériences déjà faites, une telle construction peut être exécutée dès à présent, quand on le voudra.

« Ici nous sommes conduit à une dernière objection que le lecteur ne manque certainement pas de se faire : « Pourquoi « la construction d'un navire aérien dirigeable ne s'exécute-« t-elle pas puisque cela est possible? »

« Parce que, répondrons-nous, elle nécessite la dépense de quelques centaines de mille francs, en comprenant les frais d'inévitables tâtonnemements, d'essais préliminaires, etc.

« Il est très facile de trouver des capitaux pour des entreprises commerciales ou industrielles dont les hénéfices sont assurés, mais le premier navire aérien ne peut être qu'un appareil de démonstration scientifique et il faut cependant qu'il coûte très cher, parce qu'il est indispensable qu'il soit très volumineux.

« On ne peut pas le construire sur un petit modèle comme le premier bateau à vapeur de Fulton; il faut qu'il naisse Léviathan, il faut qu'il contienne 30,000 francs d'hydrogène pur dans ses flancs, formés de 40,000 francs de tissus; il faut qu'il enlève un moteur d'un prix très élevé; s'il est, en effet, de dimensions modestes, s'il ne cube que 2,000 ou 3,000 mètres comme les ballons ordinaires il sera condamné à l'impuissance.

« Voilà l'objection sérieuse, voilà ce qui arrête la construction d'un navire aérien. Mais là où il n'y a plus qu'affaire d'argent, on peut raisonnablement dire qu'il n'y a pas d'impossibilité. »

Ce qui s'est passé depuis que ces lignes sont écrites prouve que ces théories sont exactes de tous points, mais on attend toujours l'appareil de 30 ou 40,000 mètres cubes, qui prouvera victorieusement que la navigation aérienne est aussi pratique que la navigation océanienne.

BALLON TISSANDIER

M. Tissandier ne s'en tint pas aux théories il chercha le moteur qui faisait surtout défaut, car il ne fallait pas songer à la vapeur qui nécessite l'emploi du feu, des appareils trop pesants et qui perd de son poids pendant la durée du fonctionnement.

Un moteur à gaz semblait tout indiqué, puisque le trop plein de l'aérostat aurait fourni sans frais et sans autre déperdition de poids que l'indispensable, à son alimentation, mais il faut croire qu'il y trouva encore des inconvénients puisqu'il adopta un moteur électrique.

Dès le 1er mars, il fit à l'Académie des sciences la commucation suivante.

« Les perfectionnements récents apportés aux machines dynamo-électriques m'ont donné l'idée de les employer à la direction des aérostats, concurremment avec les couples secondaires, qui, sous un poids relativement faible, emmagasinent une grande somme d'énergie.

« Un semblable moteur, attelé à une hélice de propulsion, offre, sur tous les autres, des avantages considérables au point de vue aérostatique : il fonctionne sans aucun foyer, et supprime ainsi le danger du feu sous une masse d'hydrogène ; il offre un poids constant et n'abandonne plus à l'air des produits de combustion qui délestent sans cesse l'aérostat et tendent à le faire monter dans l'atmosphère. Il se met en marche avec une facilité incomparable, par le simple contact d'un commutateur.

« J'ai fait confectionner un petit aérostat allongé, terminé par deux pointes, ayant 3ᵐ,50 de longueur et 1ᵐ,30 de diamètre au milieu. Cet aérostat a un volume de 2,200 lit. environ. Gonflé d'hydrogène pur, il a un excédent de force ascensionnelle de 2 kg.

« L'aérostat est muni d'une petite machine dynamo-électrique, genre Siemens, pesant 220 gr. et dont l'arbre est relié, par l'intermédiaire d'une transmission, à une hélice à
deux branches, très légère, de 0^m, 40 de diamètre. Ce petit
moteur est fixé à la partie inférieure de l'aérostat, avec un
couple secondaire pesant 1k. 300. L'hélice, dans ces conditions, tourne à 6 tours 1/2 à la seconde ; elle agit comme propulseur et imprime à l'aérostat, dans un air calme, une vitesse
de 1 mètre à la seconde, pendant plus de quarante minutes. Avec
deux éléments secondaires montés en tension et pesant 500gr.
chacun, je puis adapter au moteur une hélice de 0^m, 60 de
diamètre, qui donne à l'aérostat une vitesse de 2 mètres environ, à
la seconde, pendant dix minutes environ. Avec trois éléments,
la vitesse atteint 3 mètres. J'ai renouvelé les expériences un
grand nombre de fois. »

Tout le monde a vu ce modèle d'aréostat à l'Exposition
d'électricité de 1881 ; il fonctionnait, en effet, d'une façon très
satisfaisante, d'autant qu'il ne rencontrait ni courants ni vents
contraires dans la grande nef du Palais de l'Industrie.

Eh bien ! M. Gaston Tissandier avec le concours de son
frère, Albert, le fit exécuter en grand et le pourvut d'une machine dynamo-électrique fabriquée spécialement dans les ateliers de la maison Siemens, et qu'il voulut alimenter au moyen
d'un nouveau système de piles au bichromate de potasse, générateur d'électricité beaucoup plus léger et moins encombrant que des accumulateurs de puissance égale.

Ce navire aérien, qui a 28 mètres de longueur sur 9^m, 20
de diamètre au milieu et est entraîné par une hélice à deux
palettes a été expérimenté pour la première fois le 8 octobre
1883.

On a vu par moments le ballon tenir tête au vent, qui d'ailleurs était assez fort, mais le succès n'a pas été complet par
suite d'une imperfection dans la construction du gouvernail.

L'épreuve fut répétée le 24 septembre 1884 avec des modifications dans le matériel et un gouvernail nouveau ; et cette
fois elle donna des résultats que M. Tissandier communiqua
lui-même à l'Académie des sciences par la note suivante :

« Notre aérostat a été gonflé avec le grand appareil à gaz hydrogène que nous avons construit dans notre atelier aérostatique d'Auteuil. A 4 heures de l'après-midi, il était entièrement arrimé et prêt à partir. Nous avons essayé à terre la machine dynamo-électrique; mon frère et moi nous sommes montés dans la nacelle avec un ancien marin, M. Lecomte, qui, ayant bien voulu se charger des manœuvres du gouvernail, a pris place à la partie supérieure de notre nacelle. L'ascension a eu lieu à 4 h. 20 m. Mon frère s'était chargé du jeu de lest, destiné à maintenir l'aérostat au même niveau, M. Lecomte, tenant de chaque main les drosses du gouvernail, faisait virer de bord selon la direction que nous voulions prendre; quant à moi, je m'occupai spécialement de faire fonctionner le moteur et de prendre le point. A 400 mètres d'altitude, nous avons été entraînés par un vent assez vif du nord-ouest et aussitôt l'hélice a été mise en mouvement, d'abord à petite vitesse; quelques minutes après, tous les éléments de la pile montés en tension ont donné leur maximum de débit fournissant une force motrice effective de 1 cheval et demi, avec une rotation de l'hélice de 190 tours à la minute.

« L'aérostat a d'abord suivi presque complètement la ligne du vent, puis il a viré de bord sous l'action du gouvernail et, décrivant une demi-circonférence, il a navigué vent debout. En prenant des points de repère sur la verticale, nous constations que nous nous rapprochions lentement, mais sensiblement, de la direction d'Auteuil, ayant une complète stabilité de route. La vitesse du vent était environ de 3 mètres à la seconde, et notre vitesse propre, un peu supérieure, atteignait à peu près 4 mètres à la seconde. Nous avons ainsi remonté le vent au-dessus du quartier de Grenelle pendant plus de 10 minutes.

« Après notre première évolution, la route fut changée et l'avant du ballon tenu vers l'Observatoire, on nous vit recommencer, dans le quartier du Luxembourg, une manœuvre de louvoyage tout à fait semblable à celle que nous avions exécutée précédemment, et l'aérostat la pointe-avant contre le vent a encore navigué à courant contraire. Après avoir séjourné pendant 45 minutes au-dessus de Paris, l'hélice a été arrêtée; et l'aérostat laissé à lui-même, tout en étant maintenu à une altitude à peu près constante, a été aussitôt entraîné par un vent assez rapide. Arrivés au dessus de la Varenne-Saint-Maur, à 5 h. 50 minutes, nous avons profité d'une

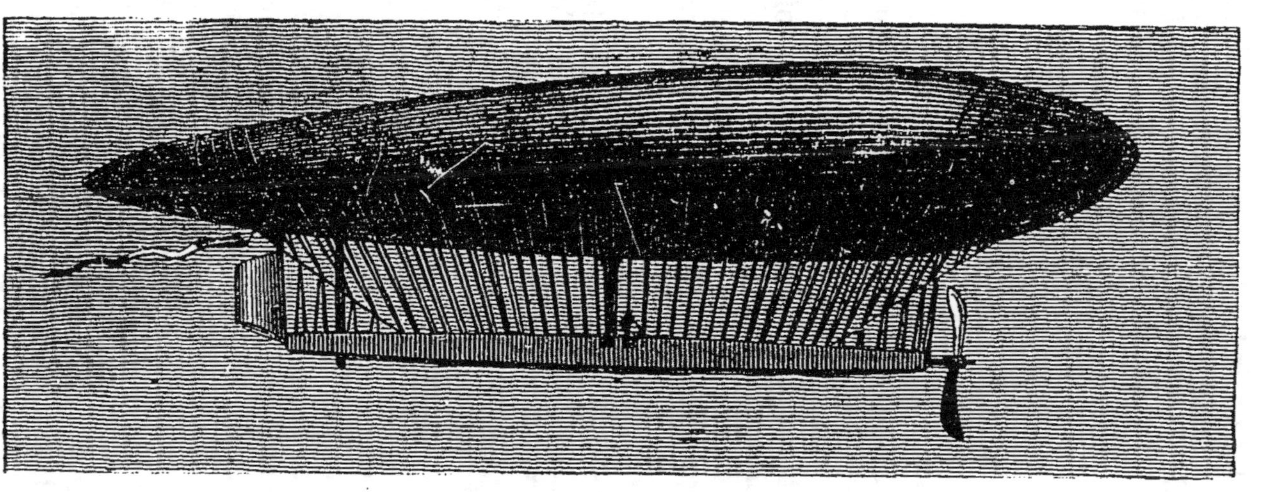

Ballon de MM. Renard et Krebs.

accalmie pour remettre la machine en mouvement; nous vîmes alors l'aréostat obéir facilement à son action, et remonter avec plus de facilité que précédemment le courant aérien devenu plus faible. Si nous avions eu encore une heure devant nous, il ne nous aurait pas été impossible de revenir vers Paris. »

BALLON RENARD ET KREBS

Les frères Tissandier n'étaient pas les seuls que préoccupait activement la navigation aérienne. MM. les capitaines Renard et Krebs, détachés à l'Ecole d'aérostation militaire de Meudon, cherchaient depuis longtemps déjà la solution de ce problème, et sept semaines avait l'ascension de M. Tissandier ils avaient fait une expérience absolument concluante, dont M. Hervé Mangon rendit compte ainsi à l'Académie des sciences :

« Le 9 août 1884, à 4 heures du soir, un aérostat de forme allongée, muni d'une hélice et d'un gouvernail, s'est élevé en ascension libre, monté par MM. le capitaine du génie Renard, directeur de l'établissement, et le capitaine d'infanterie Krebs, son collaborateur depuis six ans. Après un parcours total de 7 kilom. 6, effectué en vingt-trois minutes, le ballon est venu atterrir à son point de départ, après avoir exécuté un série de manœuvres avec une précision comparable à celle d'un navire à hélice évoluant sur l'eau.

« La solution de ce problème, tentée déjà en 1855, en employant la vapeur, par M. Henri Giffard, en 1872 par M. Dupuy de Lôme, qui utilisa la force musculaire des hommes, et enfin l'année dernière par M. Tissandier, qui le premier a appliqué l'électricité à la propulsion des ballons, n'avait été, jusqu'à ce jour, que très imparfaite, puisque, dans aucun cas, l'aérostat n'était revenu à son point de départ.

« Les dimensions principales du ballon sont les suivantes : longueur, 50^m 42 ; diamètre, 8^m 40 ; volume, 1,864 mètres.

« La machine motrice a été construite de manière à pouvoir développer sur l'arbre 8,5 chevaux, représentant, pour le courant aux bornes d'entrée, 12 chevaux. Elle transmet son mouvement à l'arbre de l'hélice par l'intermédiaire d'un pignon engrenant avec une grande roue.

« La pile est divisée en quatre sections pouvant être groupées en surface ou en tension de trois manières différentes. Son poids, par cheval-heure, mesuré aux bornes, est de 19 kilog. 350.

« Quelques expériences ont été faites pour mesurer la traction au point fixe, qui a atteint le chiffre de 60 kilogrammes pour travail électrique développé de 46 tours d'hélice par minute.

« Deux sorties préliminaires dans lesquelles le ballon était équilibré et maintenu à une cinquantaine de mètres au-dessus du sol ont permis de connaître la puissance de gyration de l'appareil. Enfin, le 9 août, les poids enlevés étaient les suivants (force ascensionnelle totale environ 2,000 kilogrammes) :

Ballon et ballonnet.	369 kg
Chemise et filet.	127
Nacelle complète.	452
Gouvernail	46
Hélice.	41
Machine	98
Bâtis et engrenage.	47
Arbre moteur	30.500
Pile, appareils et divers	435.500
Aéronautes	140
Lest	214
Total	2000 kg

« A 4 heures du soir, par un temps presque calme, l'aérostat, laissé libre et possédant une très faible force ascensionnelle, s'élevait lentement jusqu'à hauteur des plateaux environnants. La machine fut mise en mouvement, et bientôt, sous son impulsion, l'aérostat accélérait sa marche, obéissant fidèlement à la moindre indication de son gouvernail.

« La route fut d'abord tenue nord-sud, se dirigeant sur le plateau de Châtillon et de Verrières ; à hauteur de la route de Choisy à Versailles, et pour ne pas s'engager au-dessus des arbres, la direction fut changée et l'avant du ballon dirigé sur Versailles. Au-dessus de Villacoublay, nous trouvant éloignés de Chalais d'environ 4 kilomètres et entièrement satisfaits de la manière dont le ballon se comportait en route, nous décidions de revenir sur nos pas et de tenter de descendre sur Chalais même, malgré le peu d'espace découvert laissé par les arbres. Le ballon exécuta son demi-tour sur la droite avec un angle très faible (environ 11°) donné au gouvernail. Le diamètre du cercle décrit fut d'environ 300 mètres. Le dôme des Invalides, pris comme point de direction, laissait alors Chalais un peu à gauche de la route.

« Arrivé à hauteur de ce point, le ballon exécuta avec autant de facilité que précédemment, un changement de direction sur sa gauche; et bientôt il venait planer à 300 mètres au-dessus de son point de départ. La tendance à descendre que possédait le ballon fut accusée davantage par une manœuvre de la soupape. Pendant ce temps il fallut, à plusieurs reprises, faire machine en arrière et en avant, afin de ramener le ballon au-dessus du point choisi pour l'atterrisage. A 80 mètres au-dessus du sol, une corde larguée du ballon, fut saisie par des hommes, et l'aérostat fut ramené dans la prairie même d'où il était parti. »

C'était bien là une solution du fameux problème tant cherché.

Partir d'un point et revenir à ce point même, après avoir évolué dans les airs, c'est incontestablement se diriger, seulement l'expérience avait été faite par un temps presque calme et on n'avait pas eu à lutter contre le vent.

Depuis, l'expérience a été répétée mainte et mainte fois, soit par MM. Renard et Krebs, soit par le commandant Renard seul, depuis qu'il poursuit les études sans son ancien collaborateur, et toujours elle a donné, sinon les mêmes résultats matériels, du moins les mêmes preuves théoriques.

C'est-à-dire que la direction toujours complète, quand il n'y avait pas de vent, était très intermittente lorsqu'on rencontrait des courants d'une vitesse plus considérable que celle que le moteur était susceptible de déployer, et tout à fait paralysée par les grands vents.

D'où il s'en suit qu'il faut un moteur suffisamment puissant pour donner une vitesse de dix à douze mètres par seconde, capable de résister aux courants aériens ordinaires,

Et qu'il ne reste plus qu'à construire un ballon assez grand pour porter le moteur,

Chose qui ne demande plus que du temps et de l'argent, et qui sera faite avant peu, car le commandant Renard s'en occupe.

Attendons-nous donc à saluer bientôt cette invention qui sera bien française, malgré la tactique des journaux allemands, qui, voyant le succès assuré, racontent de prétendues expériences concluantes, pour pouvoir nous en disputer la priorité.

TABLE DES MATIÈRES

Sceaux. — Imp. Charaire et Cie.